肖奕亮◎编著

化学工业出版社
·北京·

图书在版编目（CIP）数据

海南黄花梨/肖奕亮编著．—北京：化学工业出版社，2011.3
ISBN 978-7-122-10599-8

Ⅰ.海　Ⅱ.肖…　Ⅲ.降香黄檀-研究-海南省
Ⅳ.S792.28

中国版本图书馆CIP数据核字（2011）第027975号

责任编辑：郑叶琳　　装帧设计：尹琳琳
责任校对：郑　捷

出版发行：化学工业出版社（北京市东城区青年湖南街13号　邮政编码100011）
印　　装：北京画中画印刷有限公司
710mm×1000mm　1/16　印张9　字数159千字　2011年4月北京第1版第1次印刷

购书咨询：010-64518888（传真：010-64519686）　售后服务：010-64518899
网　　址：http://www.cip.com.cn
凡购买本书，如有缺损质量问题，本社销售中心负责调换。

定　价：98.00元

盛世收藏
弘扬文化

吴蔡光
庚寅夏

序

随着人们的收藏意识、文化意识逐渐觉醒，红木收藏水涨船高，海南黄花梨由于其稀缺性被称为“木黄金”，更是红木中的“大熊猫”。价格从2002年的2万元/吨，上涨至现在的800万元/吨，创造了价格狂翻400倍的神话！海南“三宝”中的“一宝”——黄花梨，也变身为“中国之宝”乃至“世界之宝”。

黄花梨是中国的，海南的，东方的，也是世界的。其生长环境艰难，成材周期漫长，却花纹旖旎妖娆，材质不破不裂，不虫不腐，其坚韧不屈的成长历程中依稀可见中华民族的性格，以材誉人，物我对照，深受人们的喜爱也就不足办怪了。

近10年来，中国仿古家具的兴起，古典家具作为家居陈设已经成为一种风尚，大量的仿古家具商也如雨后春笋般增长，人们纷纷去海南购买旧料和小料，原料因此更显珍贵并不断增值。

海南黄花梨家具肌理花纹如行云流水，不用上漆，只需稍稍打磨上蜡就别有特色；样式简洁、线条明快、返璞归真，能给人充分的想象空间。黄花梨之美含蓄不张扬，符合人们的审美，也是中国文人追求的境界。

遗憾的是，关于海南黄花梨收藏鉴赏的书却极为罕见。木材知识是非常专业的一门知识，我一向视为高深。如何向世人普及黄花梨的知识也是我多年的心愿。肖奕亮先生是海南黄花梨收藏协会东方分会会长、花梨之乡开发有限公司董事长，也是海南黄花梨收藏鉴赏方面的专家，而今喜见肖先生的这本著作，内容深入浅出，图文并茂，恰如甘露，深感欣慰。

海南省人大常委会副主任、民进中央常委、全国政协委员

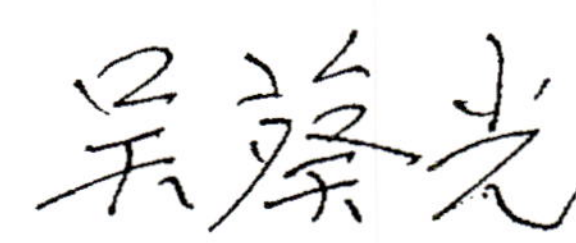

目录

第一章　海南黄花梨的前世今生　1

第二章　海南黄花梨的生产过程　23

第一节　海南黄花梨的特征及分类　25

第二节　海南黄花梨生长的气候条件和分布　31

第三节　海南黄花梨的生长周期　34

第四节　人工培植黄花梨　35

第三章　海南黄花梨的药用价值　37

第四章　海南黄花梨的鉴别经验　51

第一节　海南黄花梨的鉴别要点　53

第二节　海南黄花梨与越南黄花梨的鉴别　59

第三节　海南黄花梨与其他相似木材的鉴别　63

第五章　海南黄花梨为什么这么火　69

第一节　海南黄花梨的珍稀性和保值性　72

第二节　海南黄花梨的市场价值　77

第六章　海南黄花梨的鉴赏及估价　87

第一节　海南黄花梨家具的鉴赏　89

第二节　海南黄花梨的价格　96

第七章　海南黄花梨的工艺传奇　101

第八章　海南黄花梨的把玩　115

第一节　海南黄花梨家具的养护　116

第二节　海南黄花梨把玩件的养护　122

第九章　海南黄花梨看东方 127

第一章 海南黄花梨的前世今生

清　黄花梨雕花鸟纹书柜　95 厘米 ×44.5 厘米 ×185 厘米

无名天地之始，有名万物之母。世间万物本来就没有名字，是人类根据其外相赋予其名，这样做便是为了方便大家作为一种认知的代号。当然我们要说的是木头，也就不必说得太远了。就拿黄花梨来说吧，全称海南黄花梨。对于这个名字，我想木友们一定不会生疏。但关于这个名字的来历还有一个美丽的传说。

传说远古时代，有关俄贤（显）岭，民间一直流传着一个美丽动人的神话爱情故事。在荒古年代，一次洪水泛滥，淹没了俄贤岭山脚下的大地。当滔天的洪水吞噬一切生灵的时候，一对黎族青年恋人——阿贵和娥娘，正在猕猴岭的高滩石洞中幽会。眼看着洪水很快就要淹没石洞时，阿贵与娥娘急中生智，砍来了树藤和一根大木头，然后把自己紧紧地捆绑在木头上，任洪水漂泊。结果，洪水把他们冲到了当地黎族始祖的神山——俄贤岭上，紧紧夹在两棵并排的花梨古树中间。过了几天，当他们昏醒过来的时候，山上的洪水已经退去，但山脚下仍是一片水天茫茫的惨景。有道是大水无情，人有情。

这场突如其来的水灾，使阿贵和娥娘失去了亲人，失去了家园。患难与共的阿贵和娥娘沉浸在极度的悲伤之中。作为一场洪水灾难的幸存者，阿贵与娥娘为了生存，他们从悲痛中走了出来。他们一起打猎，一起采野菜，顽强地活了下来。阿贵是讲美孚方言的一个黎峒峒长的儿子，是个富有正义感且性格十分刚强的小伙子。娥娘是当地讲哈方言的黎族姐妹中一位貌若天仙的姑娘，勤劳贤惠，十里闻名。可是，按照当时黎族的婚俗习惯，不同方言的人是禁止通婚的。一年后，阿贵与娥娘选择了吉日，拜了天地，拜了祖山，并在两棵保全他们性命的花梨古树面前，互相对拜，结成了夫妻。

在山上日子长了，山洞里有一个叫乌鸦精的恶魔，对美貌的娥娘起了贼心，几次想害死阿贵，欲夺娥娘为妻。在最后一次与乌鸦精的搏斗中，阿贵终于杀死了乌鸦精，但自己也被乌鸦精砍伤了。为了给阿贵治伤，娥

花梨木老料

热情拥抱

娘历尽千辛万苦，翻越了俄贤岭的九座山峰，采来灵芝草和其他一些草药，给阿贵治好了刀伤。

阿贵与娥娘在俄贤岭上生活了几十年，养育了九个身强力壮的儿子。儿子们长大后，阿贵与娥娘叫九个儿子分别下山，到各地娶妻，繁衍后代。若干年后，这九个儿子成了九个黎峒的峒长。阿贵与娥娘死后，儿子们根据父母的遗嘱，把他们埋在俄贤岭上那两棵有救命之恩的花梨古树旁边。九个儿子还发动九个峒的同胞，分别在九座山峰上都种植了九十九棵花梨树。很多年以后，人们发现了一个奇怪的现象：当年娥娘攀越过的九座山峰上，每座都会有一两棵花梨古树的叶子，在阳光的照射下，闪烁着淡黄色的光圈。从此，人们就把这种树称为黄花梨树。

阿贵与娥娘逝世后数年，当地的黎族同胞把俄贤岭，称为娥娘九峰山（注：这种说法在《康熙昌化县志》中有所记载）。从此，山下的黎族婚俗中多了一道仪式，就是“唱颂天歌”，即结婚的男女青年要对着天地、对着大自然唱歌，意思是感恩天地，感恩大自然馈赐予他们的自由美满婚姻与和睦的生活环

知足常乐

境。同时，在某年农历的三月三日那天，当地不同语系的黎族男女青年云集高滩石洞，开天辟地第一次共同欢歌载舞，举行“三月三”活动。

黄花梨很早就被收入《本草拾遗》，“花榈出安南及海南，用作床几，似紫檀而色赤，性坚好。”其他古代文献中所记载也大体相同，例如清刊本《琼州府志》中“花梨木，紫红色，有微香，产黎山（新干县桃溪乡境内）中。”故有人也将黄花梨写作“黄花黎”。

其实，在我国悠久的历史长河中，海南黄花梨古无此名，而是出现过许多不同的称呼。从有记载的古代文献到近代的相关著作中，我们都不难发现黄花梨的诸多名称。如：花榈、榈木、花梨、花梨木、老花梨、新花梨、黄花梨、海南檀、降香苗檀。

圈椅

清　黄花梨雕云龙纹架子床　240 厘米 ×170 厘米 ×258 厘米

黄花梨材料

直径为 42 厘米的油梨老料切面，深褐色，花纹细密生动，清晰分明，是首选的板材材料。

高脚酒杯

黄花梨的中文学名是降香黄檀木，又称海南黄檀木、海南黄花梨木（*D. hainanensis*）。

拉丁文名： *Dalbergiaodorifere* T.chen.

英文俗称： *Scentedrosewood.*

产于中国海南省吊罗山尖峰岭低海拔的平原和丘陵、台地，多生长在吊罗山海拔 100 米左右且阳光十分充足的地方，是碟形花科黄檀属香枝木类树种，它是红木国标 5 属 8 类 33 种红木之一，相当珍贵，是目前价格最贵的红木，寸金难寻寸木。

海南黄花梨又称降香黄檀，目前已被国家林业局列为一级珍稀、濒危植物。虽然广东、海南都有生长，但由于海南岛日照时间长、雨量更为充足，因此海南黄花梨的生长密度最大、油性最好、花纹也最为漂亮；另外，海南黄花梨的柔韧度很好，抗压、耐腐蚀，与紫檀木、鸡翅木、铁力木并称中国古代四大名木。海南黄花梨不论是材质还是纹理上都是最好的黄花梨，也是得到世界公认的，价格更是居高不下。

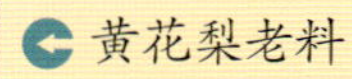

黄花梨老料

黄花梨健身球

清　乾隆黄花梨雕龙纹拔步床　239 厘米 ×250 厘米 ×268 厘米

全真尺

海南黄花梨为散孔材至半环孔材，心材颜色为紫红褐或深红褐，长时间会变为暗红色，常常带有黑色条纹，新切面辛辣气味浓郁，久则微香，有光泽，具香气。木材纹理交错，自然成形，花纹美观。由于其色泽黄中泛润、材质细密坚实、纹理柔美天成、香气沁人心脾，所以早在1000多年前的唐朝，就已经被宫廷征用，在民间素有“紫檀木中之王、黄花梨木中之后”的美誉。用花梨木制作出来的家具简洁明快、富丽堂皇，且色泽深沉华美、典雅尊贵、经久耐用、百年不腐。其家具还能长久地散发出清幽的木香之气，有提神避邪之说。在明清时期达到鼎盛，成为硬木家具的主要用材，尤其以心材呈黄褐色者备受明清能工巧匠们的宠爱。特别是明清盛世时期的文人、官宦之流的推崇，更使得这一段时期黄花梨家具的制造达到了顶峰，一张重达2吨的罗汉床可以不用一颗铁钉，完全依靠榫卯而完美契合、浑然天成。从已出版的古家具刊物资料来看，黄花梨木有大材，宽半米、长两米的独板平头案都可以见到。无论从艺术学的角度、还是工艺学的角度来看都无可挑剔，堪称世界家具艺术中的珍品。

海南黄花梨的颜色变化区域较大，心材颜色较深呈红褐色或深褐色者为上品，有犀角的质感。黄花梨木的相对密度较轻，放入水中呈半沉状态，也就是部分沉入水中。

30年龄花梨树

清　黄花梨雕人物多宝格　116 厘米 ×55 厘米 ×206 厘米

50年龄花梨树　受到自然灾害或人为破坏的黄花梨树干，在这种情况下创口已经坏死，腐烂，导致这段木料空心。

黄花梨材料

黄花梨材料　直径为42厘米的油梨老料切面，深褐色，花纹细密生动，清晰分明，是首选的板材材料。

黄花梨木的纹理很清晰，肌理如行云流水，非常美丽。最特别的是，木纹中常见的有很多木疖，这些木疖异常平整且不开裂，当在一个木疖中又包含了几个小木疖的时候，也就即成了人们常说的“鬼脸”（又称“鬼眼”、“鬼面”）花纹。因为有“鬼脸儿”者尤为珍贵，几年前曾有人传言说海南黄花梨的特征是有“鬼脸”，导致一些见利忘义的家具商在黄花梨家具表面私自画上“鬼脸”，以证明自己销售的家具是真正的海南黄花梨，着实令人捧腹。

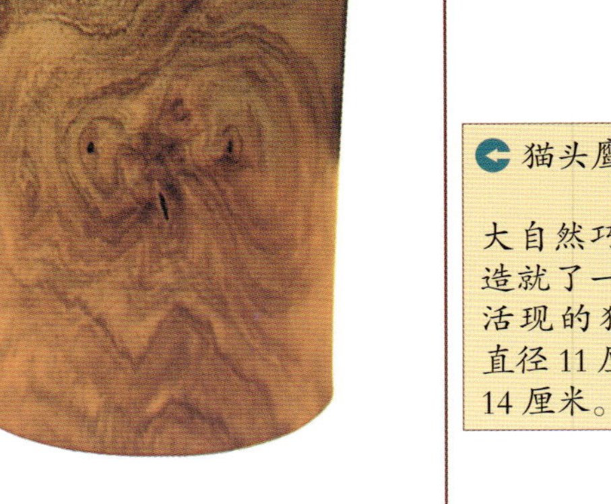

猫头鹰纹笔筒

大自然巧夺天工造就了一只活灵活现的猫头鹰，直径11厘米，高14厘米。

黄花梨工艺品

明　黄花梨长方桌椅七件套

躺椅

官帽椅

人们把花梨的木疖称为“鬼脸”起源于花梨之乡——俄贤岭的一个远古民间传说。

相传两千多年以前，俄贤岭山脚下的南浪村是个山清水秀的黎族村寨。这个村寨的姑娘个个都长得很妩媚。特别是村里一位名叫阿花的姑娘，刚满十岁，已经出落得亭亭玉立，花容月貌，且又能歌善舞。阿花从孩提时候起，就经常与邻近俄显村一位英俊的小伙子阿吉玩耍。当阿花刚满十三岁那年，有一天，村里的头人就托人来到阿花家里，为其儿子提亲。阿花的父母因为惧怕头人的权势，也就答应了这门婚事。当阿花的父母把这事告诉阿花时，阿花才突然意识到她自己心爱的人是阿吉，而他们就要被拆散了。于是，阿花又哭又闹，死活都不肯答应今后做头人家的媳妇。当天傍晚，阿花瞒着父母，跑到俄显村找阿吉。听了阿花的哭诉，阿吉心如刀割。他紧紧地把阿花抱在怀里，两个人哭得死去活来，但又想不出什么两全其美的办法抗婚。常言道：初生牛犊不怕虎。最后，阿吉和阿花约定，各自先回家收拾一些衣服和粮食，

钢笔

水杯

黄花梨笔筒

等到深夜时分一起逃上俄贤岭。深夜，阿吉和阿花在约定的地方见面后，便朝着俄贤岭的上山小路直奔。天刚蒙蒙亮，他们终于艰难地走到了俄贤岭上的娥娘洞。第二天，南浪村的阿花、俄显村的阿吉失踪的消息很快就传开了，可是谁也想不到这两个才十多岁的男女竟敢跑上了俄贤岭。这时，有一位常年在俄贤岭狩猎的老者，听到这消息后引起了警觉。到了第三天，这位猎人终于在娥娘洞里找到了阿吉和阿花。他苦口婆心地劝阿吉和阿花下山，但爱情的力量使这两个少男少女变得十分倔强，他们表示，宁可一起死在娥娘洞，也决不下山而被拆散。于是，好心的老猎人为了他们的安全，白天带着他们去狩猎，晚上与他们一起住在山洞里。但老猎人心里想，长此以往，总不是办法。有一天，老猎人下山来到俄显村，把事情的经过告诉了阿吉的父母，并说服了阿吉的父母让阿吉把阿花带回本村，先以兄妹相称，再过几年后让他们成亲。幸好，俄显村的头人是阿吉的亲叔叔，所以在阿吉父母和老猎人的再三求情下，头人终于同意让阿吉偷偷把阿花带回村里，但他提出了一个条件，必须给阿花纹上脸纹以后，才能带下山回村里，而且阿花的脸纹图案不能与本宗族女人的脸纹图案相同，以防阿花死后，九泉之下的列祖列宗认错了子孙。

老猎人回到娥娘洞，把事情经过告诉了阿吉和阿花，他们高兴得又蹦又跳。阿花说："老阿公，你赶快给我纹脸吧。"这时，老猎人又犯愁了。他想，到底纹什么样的图案好呢？既不能纹本宗族女人的脸纹图案，又不能乱纹而有损阿花美丽的容貌。这时，他想到了花梨木疖上的花纹图案有各种形状，细腻且好看。于是，老猎人砍来藤刺，像雕刻师一样，一划一划地在阿花的脸上纹出了像花梨木纹理一样的图案，然后又涂上颜料。过了不久，老猎人把阿吉和阿花带回了俄显村。时隔五年之后，南浪村的人都以为阿花死了，村里头人的儿子也早成了家。于是，阿吉和阿花才得以公开结了婚。

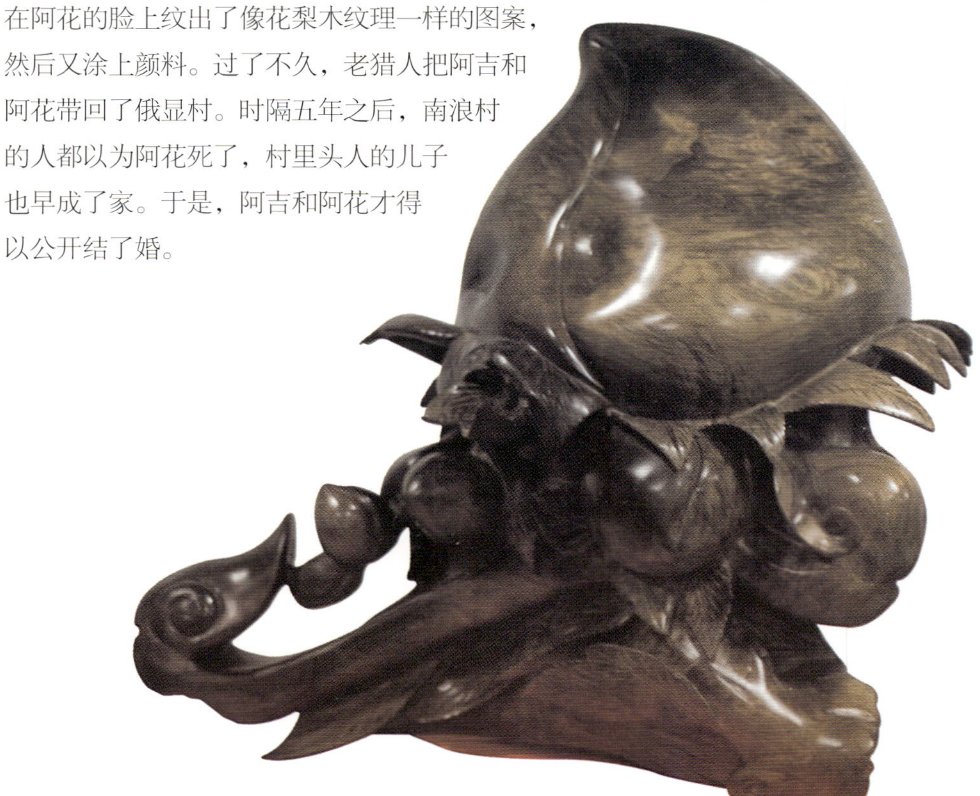

寿桃　霸气十足的黄花梨寿桃，细腻的纹理，晶莹剔透，光泽鲜亮。具有极高的收藏价值

婚后，阿花带着阿吉回南浪村看望自己的父母。见了阿花的人，都觉得似曾相识，可是看看她脸上的面纹，哪个族系的纹脸图案都不像，又感到一种异样，还认为看见的是阿花变成鬼后的脸谱。后来，人们才知道阿花的脸纹图案与花梨木的纹理之间有一种特殊模仿与联系，而且有一个美丽动人的爱情故事。从那时候起，当地人从故事中受到启迪与教化，他们为了表达对自由恋爱与幸福生活的追求与理想，就把那些花梨木上布满的木疖称之为“鬼脸”。这种似贬实褒的称谓，既表达了人们对阿花的同情和向往美好生活的思想内涵，又表达了人们对花梨的一种自然而朴实的情结。

海南黄花梨性坚质密，经长期使用器具表面会自然产生酷似角质的润泽外层，即“色浆”，被公认为世界上最名贵的家具和木雕用材。海南黄花梨树高可达20米，胸径可达0.8米，海南黄花梨极易成活，但生长缓慢极难成材，虽经百年仍粗不盈握，需要生长三百年以上才能成为家具所用材。据记载，由于明清统治者的大肆砍伐，至清晚期，老木日益匮乏，海南黄花梨木种就已经濒临灭绝，此后的数百年里，我国70%的黄花梨

50年龄花梨树　受到自然灾害或人为破坏的黄花梨树干，在这种情况下创口已经坏死，腐烂，导致这段木料空心。

木家具均流往国外，国内仅存的少量黄花梨木被用于房屋建造、制成锅盖、算珠甚至锄把，散落民间，面临损毁，现在这些制品也已是凤毛麟角。从生态保护的角度来看，野生的黄花梨已濒临灭绝，其珍贵程度就好比是动物中的大熊猫。

黄花梨雕刻

一直到20世纪80年代，人们终于开始重新重视黄花梨，政府严令禁止砍伐野生黄花梨，为了鼓励农民种植的积极性，政府退耕还林，并提供优质树苗，黄花梨终于重现生机。在一些自然保护区，我们仍然能找到野生黄花梨。越往山区走，树龄超过40年的野生黄花梨就越多，不过这些黄花梨都被人为地穿上了盔甲，以免被人盗伐。

目前，市场上流通的很多木头都被称之为黄花梨，当我们去一些红木家具的卖场问其家具材质的时候，卖家都会说这是黄花梨的。当我们再细问是什么花梨的时候，卖方又会告诉我们这些大多是越南花梨、缅甸花梨、老挝花梨、柬埔寨花梨、非洲花梨、亚花梨，以及草花梨等。这些所谓的“黄花梨”其实都不是我们传统意义中的黄花梨。通过对这些名目众多的黄花梨进行比较，其中海南黄花梨（也就是降香黄檀）才为上品，是红木中的极品。

越来越多的东西变得稀少，也就注定了越来越多的新东西取而代之，现实中我们不得不接受这些变化，但我们有必要了解它们的历史，记住它们的现在，这样，才能给它们一个真实的未来。我们可以追求唯美与自身的爱好，但历史不可能因为我们的喜恶而改变，任何人都不能改变也不应该扭曲历史，我们的传统文化经历了数次劫难而仍然流传，我们今天能做的，就是让我们的后代知道，黄花梨的真相及演变过程，到底什么才是真正传统意义上的海南黄花梨。

三兽宝鼎

黄花梨圈椅三件套

第二章 海南黄花梨的生产过程

- 第一节　海南黄花梨的特征及分类
- 第二节　海南黄花梨生长的气候条件和分布
- 第三节　海南黄花梨的生长周期
- 第四节　人工培植黄花梨

明　黄花梨月洞式门罩架子床　228 厘米 ×168 厘米 ×227 厘米

第一节　海南黄花梨的特征及分类

植物分类学

中文学名：降香黄檀

俗称：黄花梨、降香、降香檀、降真香、海南檀、花榈、榈木、花梨、花狸、香枝木等

拉丁文名：*Dalbergiaodorifera* T.chen.

英文俗称：*ScentedrOsewood*

科属：豆科（*Legvminosae*）黄檀属（*Dalbergia*）

产地：中国海南省

生态特征

海南黄花梨为亚热带半常绿乔木，高 10 ～ 20 米，最高可达 25 米，胸径可达 80 厘米，树冠伞形，分枝较低。奇数羽状复叶，总长 15 ～ 26 厘米，有小叶 9 ～ 11 片，多可达 13 片，卵形或椭圆形。圆锥花序腋生，长 4 ～ 10 厘米。每年换叶一次，12 月开始落叶，翌年 2 ～ 3 月为无叶期，3 月下旬至 4 月雨季到来时，花、叶同时抽出。花期 4 ～ 6 月，花淡黄色或乳白色。10 ～ 12 月果实陆续成熟，荚果为扁平椭圆形，内含种子为肾形。

木材特征

心材新切面为紫红色或深褐色，有犀角的质感。生长年轮明显，纹理清晰可辨，如行云流水，非常美丽。其特别之处在于，黄花梨木纹中常见的有很多木疖，这些木疖亦很平整不开裂，呈现出狐狸头、老人头及老人头毛发等纹理，美丽可人，即为人们常说的“鬼脸儿”。新切面气味辛辣气浓郁，久则微香。气干密度：0.82 ～ 0.94 克／立方厘米。

30年龄花梨树

30年龄花梨树

分类

海南黄花梨的分类，常见的有以下几种：

1. 按照心材材色、大小分

海南岛的黎族人称木材的心材为“格”，根据成熟的黄花梨心材材色和大小，有油格、糠格之分。其中，油格心材部分大，呈深褐色；而糠格心材部分小，呈红褐色或紫褐色。

2. 按海南黄花梨心材部分的颜色分

海南黄花梨的心材是不断由边材转化而成的，按颜色深浅可以分为浅黄、金黄、橘黄、红褐、赤紫、深褐等若干种，通过颜色的不同也反映出木材的相对密度、油性、气味的不同。颜色深则相对密度大、油性大、降香气味浓，反之，颜色浅则相对密度小、油性小、降香气味稍淡。

3. 按黄花梨家具的总体外观分

大体上可分为两类，浅色黄花梨和深色黄花梨。其中浅色黄花梨光泽较强，分量略轻，纹理清晰流畅。浅色黄花梨家具多见于北方；深色黄花梨油性较大，光泽不如浅色黄花梨，重量较浅色黄花梨略轻，且纹理没有浅色黄花梨清晰。深色黄花

清　黄花梨六角形桌凳七件套　桌面径102厘米，高88厘米　凳面径35.5厘米，高49厘米

梨家具多见于南方。

4. 按照在海南省的分布区域分

东部黄花梨：颜色较浅，分量稍轻，油性较差，由于明清时期的过度采伐几近绝迹。

西部黄花梨：油性较强，油质感不会轻易减弱，价格高于东部的黄花梨。

清　黄花梨书柜，95 厘米 ×44.5 厘米 ×185 厘米

黄花梨材料
未经任何雕刻，且不带任何边材的黄花梨树头。天然造型，自然，生动。

被人为锯掉的树干，这时心材还没长成格木，可以清楚看到心材部位已经坏死，风吹日晒，虫蚁咬后会开始腐烂。树皮会逐步生长把这里包住。这样就会产生“金包银”或空心的情况。

第二节　海南黄花梨生长的气候条件和分布

海南黄花梨对土地的要求不严，在海拔 600 米以下的陡坡、山脊、岩石裸露、干旱瘦瘠的地区均能适生，土壤为褐色砖红壤和赤红壤等土壤类型。但是对于成长环境要求较高，需要全年温暖的气候和充足的阳光照射。野生的海南黄花梨，据《中国树木志》记载，主要分布在海南岛南岛吊罗山尖峰岭低海拔的平原和丘陵地区，多生长在吊罗山海拔 100 米左右阳光充足的地方，以及少量分布在海南昌化江以及南渡江一带，为海南独有的珍稀树种。现广东、广西和福建南部（如仙游、漳州）有引种。

而其中，海南东部地区地势开阔，雨水充沛，阳光充足，所以东部的黄花梨生长较快，因而材质相对稀疏，花纹大，毛孔粗；而西部山区，地势高，属于山林地域，这里的黄花梨生

三年龄黄花梨
图中为人工种植为 3 ~ 5 年的黄花梨树木，直径大约在 3 ~ 6 厘米左右。

念珠

树根

边材已经完全腐烂的黄花梨树根，形成了一副天然形态的摆件。

长缓慢，花纹细腻而丰富。相对而言，海南黄花梨西部的比东部的好，油梨比黄梨密度好、价位高，黄梨比油梨颜色浅、重量轻。好树头、树根比树干花纹要好。树干的用处多价位好。总体上，海南省的西部地区昌江市和东方市交界的霸王岭山系所产出的黄花梨密度最好。东方市和乐东县交界的尖峰岭山系所产出的花梨木颜色最好。以东方市为中心的三个市县出产的黄花梨最为珍贵。

清乾隆　黄花梨雕云龙顶箱立柜　120 厘米 ×55 厘米 ×240 厘米

此外，花梨木也分布在一些东南亚国家、非洲和南美洲等地。海南黄花梨“纹理炫美瑰丽、材质油韧细密、触摸起来温润如玉，而且具有降血压和治疗心血管疾病的药用价值”。不论是材质还是纹理都被公认为最好的黄花梨，是我国一级保护植物，其价值也远高于其他地区的黄花梨。海南黄花梨和越南黄花梨两者差价逾 10 倍，两者的区别将在后面章节讲到。

第三节　海南黄花梨的生长周期

海南黄花梨的用途广泛，其价值非常之高，有“木黄金”之称。然而，黄花梨独特的生长环境以及漫长的生长周期，也导致了市场上黄花梨的日益稀少。黄花梨树形优美枝叶婆娑，分叉较多，枝叶伸展面积大，但是黄花梨成长相对缓慢，这种成长过程主要指树木心材的生长周期。从幼苗生长开始，约 15 年后才开始结心材，20 年树龄的树径 17 ～ 20 厘米，心材直径只有 2 ～ 5 厘米，野生黄花梨至少要经历 100 年才能成材。而成为制作家具的材料，则需要至少 300 ～ 500 年才有可能。而根据不同区域，还会有一些偏差，生长在南渡江流域的海南黄花梨 17 年树龄开始结心材，60 年树龄的心材为 30 厘米；而生长在昌化江流域的海南黄花梨树 60 年树龄心材仅约 18 厘米。

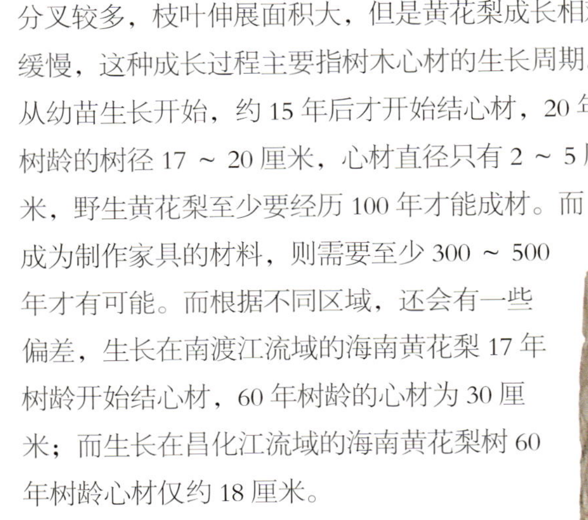

黄花梨圆木干料
一根长 1.5 米，头部直径 32 厘米，已去边料的黄花梨圆木干料。色泽均匀呈金黄色。

三件套带几沙发

第四节 人工培植黄花梨

近些年来，随着黄花梨的价格日益走高，人工种植黄花梨也成为很多人关注的话题。然而，黄花梨成活容易，成材极难。据林学专家在海南尖峰岭的调查，天然更新林32年生树高16.50米，胸径22厘米。胸径年均仅0.6875厘米，热带树木园栽培的20年人工林平均树高15.60米，胸径16.8厘米，胸径年均为0.84厘米，生长速度虽然比天然更新林快，但比起其他树种仍是极为缓慢的。由此算来，黄花梨从生长到成材还将是一个漫长的过程。

三年龄黄花梨

图中为人工种植 3 ～ 5 年的黄花梨树木，直径大约在 3 ～ 6 厘米。

沙发

海南黄花梨的药用价值

清　黄花梨
雕龙纹太师椅
78厘米×61.5厘米×100厘米

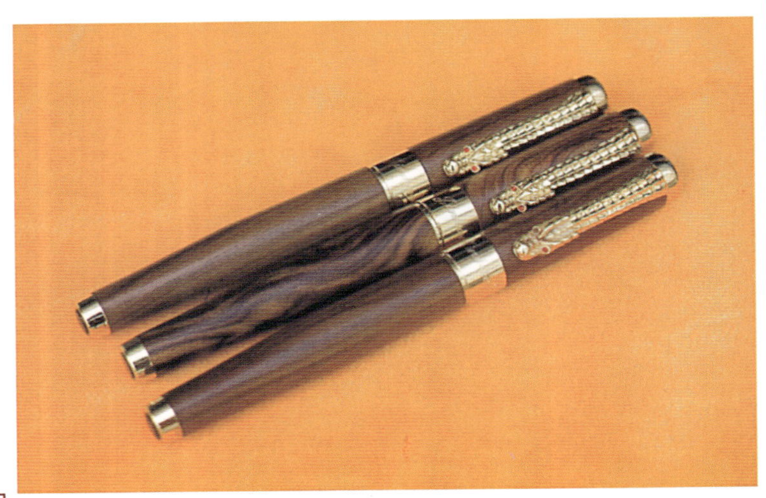

钢笔

它，是玩家爱不释手的宝贝物件儿

它，是收藏界风靡一时的珍稀藏品

它本身是一种名贵的木材

可如今

它却成了中医口中的养生良方

尤其是针对老年人有心血管疾病的、呼吸系统疾病的……

它就是——海南黄花梨

海南黄花梨还具有很高的药用价值，《本草纲目》、《海南本草》、《类证本草》中均有记载。降香，可以行气活血、止血止痛，甚至还有辟邪去秽等功效。可治疗呕吐、心胃气痛、冠心病，特别是针对高血压和皮肤过敏患者，更是有立竿见影、药到病除之特效。

中文及拼音： 降真香 JIANGZHENXIANG

英文名： Rosewood, Heart wood

来源： 为双子叶植物药豆科植物降香檀的根部心材。

功效： 理气，止血，行瘀，定痛。

主治： 治吐血，咯血，金疮出血，跌打损伤，痈疽疮肿，风湿腰腿痛，心胃气痛。

海南黄花梨性味归经，辛，温。

黄花梨腰带

《海药本草》：“诸天行时气宅舍怪异，并烧之有验。”

《本草纲目》：“疗折伤、金疮，止血定痛，消肿生肌。”

《本草经疏》：“上部伤，瘀血停积胸膈骨，按之痛或并胁肋痛”、“治内伤或怒气伤肝吐血。”

《本草汇言》：“治天行疫疠，瘟瘴灾疾。”

《玉楸药解》：“疗梃刃损伤，治痈疽肿痛。”

《得配本草》：“入血分而降气，治怒气而止血。”

《本草再新》：“治一切表邪，宣五脏郁气，利三焦血热，止吐，和脾胃。”

用法用量：内服，煎汤，0.8 ~ 1.5 钱；或入丸、散。

外用：研磨成粉末外敷。

用药忌宜：

①《本经逢原》：“血热妄行、色紫浓厚、脉实便秘者禁用。”

②《本草从新》：“痈疽溃后，诸疮脓多，及阴虚火盛，俱不宜用。”

药物配方：

配蒲公英，清热解毒、消痈散结；

配当归，活血行气止血、补血；

清　黄花梨六角形桌　面径102厘米，高88厘米

圈椅

黄花梨靠背椅 50.5 厘米 ×43 厘米 ×110 厘米

明 黄花梨四出头官帽椅 60厘米 ×46厘米 ×118厘米

配三七，散瘀止血、消肿止痛；

配威灵仙，祛风通络；

配丹参，活血化瘀、凉血消肿；

配郁金，行血中气，理气止湿；

配乳香，和血化瘀，止痛，消肿。

别名： 紫藤香（《卫济宝书》）、降真（《真腊风土记》）、降香（《本草纲目》），又名：花梨母。

处方名： 降香、降真香

商品名： 降真香，又名番降、黄檀。为芸香科山油柑属植物降真香（山油柑、山橘）*Acronychiapedunculata*（L）Miq. 和豆科植物印度黄檀 *Dalbergiasissoo*Roxb. 的心材。主产于印度、越南、泰国、菲律宾等地。我国云南、广西、广东等地也有分布。质地较重，纹理致密，色紫而润，味辛辣而气香浓，品质优良。

为降香正品。降香檀：又名花梨母、花榈木。为豆科植物降香檀的根部心材。产于我国云南、广西、广东等地。目前药材市场销售多为此品种。均以色红紫、质坚实、无外皮及白木、油润、香气浓者为佳。

植物资源分布：分布广东、海南岛。

药材产广东、海南岛。

药材的采收与储藏：全年皆产，将根部挖出后，削去外皮，锯成长约50厘米的段，晒干。

拉丁名：药材降香 *Lignum dalbergiae odoriferae* 原植物。

炮制方法：用水浸泡后，蒸至适度，镑片或刨片，晒干。将根部挖出后，削去外皮，锯成长约50厘米的段，晒干。

考证：出自《证类本草》、《海药本草》、《本草纲目》："降真香，俗呼舶上来者为番降，亦名鸡骨，与沉香同名。""今广东、广西、云南……皆有之。""降香，唐宋本草失收，唐慎微始增入之而不著其功用，今折伤金疮家多用其节，云可代没药、血竭。按《名医录》云：周崇被海寇刃伤，血出不止，筋如断，骨如折，军士李高用花蕊石散不效。紫金散掩之，血止痛定，明日结痂如铁，遂愈，且无瘢痕。叩其方，则用紫藤香，磁瓦刮下研末尔，云即降真之最佳者。"

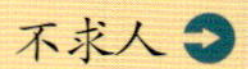

高脚酒杯

酒葫芦

生药材鉴定

干燥的根部心材，呈条块状。表面红褐色至棕紫色，有刨削之刀痕，光滑有光泽，并有纵长线纹。如劈裂之，断面粗糙，强木质纤维性，纹理细而质坚硬。气香味淡稍苦，烧之香气浓郁。以红褐色、结实、烧之有浓郁香气，表面无黄白色外皮者为佳。降真香过去多从国外进口，主要为印度黄檀（*DalbergiasissooRoxb.*）的心材，即《本草纲目》所谓“番降”。《本草纲目》的降真香，据所述植物分布，可能还包括芸香科植物山油柑（*Acro nychiapedunculata*（L.）Miq.）。

显微鉴定

粉末呈深紫红色。

①具缘纹孔导管巨大，完整者直径约至 300 微米，具缘纹孔大而清晰，直径约至 10 微米，排列紧密，并列或互列，纹孔口短缝状，常 2 至数个横向相接成线状，导管中含棕红色物。

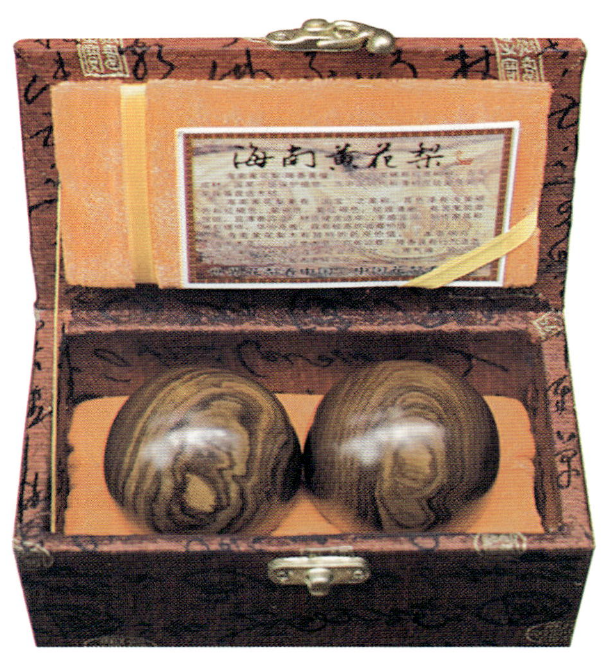

健身球

明　黄花梨镶玉石婴戏图立柜　120 厘米 ×55 厘米 ×238 厘米

②傍管木薄壁细胞类方形、长方形或多角形，壁稍厚，木化，纹孔较多，孔沟明显。

③木纤维细长，稍弯曲，直径 8 ~ 20 微米，壁甚厚，胞腔线形。纤维束周围细胞含草酸钙方晶，形成晶纤维；含晶细胞壁不均匀增厚，木化。

④木射线宽 1 ~ 2 列细胞，高至 15 个细胞，细胞壁连珠状增厚，木化，纹孔较密，切向壁纹孔甚大。

⑤木薄壁细胞壁连珠状增厚，木化，纹孔明显。

⑥色素块淡黄色或棕红色。此外，可见草酸钙方晶。

中药化学成分：印度黄檀的心材含黄檀素（Dalbergin）、去甲黄檀素（Nordalbergin）、异黄檀素（Isodalbergin）、黄檀素甲醚（o−Methyldalbergin）、黄檀酮（Dalbergenone）和黄檀色烯（Dalbergichromene）。气相层析表明降香挥发油中至少含有 12 种成分，已鉴定出有 β− 没药烯（β−bisalolene）、反式 −β− 金合欢烯 [(trans)− β −farnesene] 及反式 − 苦橙油醇 [(trans)−nerolido1]。

海南黄花梨简介：海南黄花梨木本身是中药，有一种中药的“绛香”味道；另外，黄花梨木材对治疗肝炎是有很大的帮助的。可以说黄花梨木第一可做保值，第二可做保健。在众多硬木材料中，对身心有益首推的还是黄花梨木，有降血压、血脂及舒筋活血的作用。此外，黄花梨木还可浸提香料和药剂，是天然的美容保健品，因为黄花梨木具有促进血液循环及清肺降压功效，悠悠降香进入体内直达肺腑，长此以往能使筋骨活络、气血通畅，能驻颜长春，延年益寿。

腰带

具体用途

1. 制作枕头（抱枕）

做一个普通的枕头，一般用1.5千克左右的海南黄花梨木屑末。即使筛得再认真，里边还是有一些比较小的颗粒物（不是粉，枕头使用过程中也会将木屑磨细的），因此建议大家在内层多加一层衬布，使用起来不影响药用效果。可以去商场挑自己最喜欢的枕头（抱枕）外套，木屑买回家后自己动手做个枕头（抱枕），量的多少应视枕头（抱枕）的大小来定，一般一个枕头（抱枕）1～1.5千克就差不多了。做成的枕头（抱枕）有一种神秘的悠悠降香味，具有舒筋活血、降低血压、改善睡眠之功效。极其适合于作为逢年过节孝敬父母及看望长辈的好礼物。但是，在经济利益的驱使下许多商家都把海南黄花梨和越南黄花梨掺和在一起卖，越南黄花梨的木屑价格仅为海南黄花梨的1/5，一般朋友很难把两者木屑区分清楚。另外，纯海南黄花梨木屑中会有少量白皮属于正常情况，白皮也是黄花梨的一部分，做工艺品不行做药材还是没有问题的。

枕头

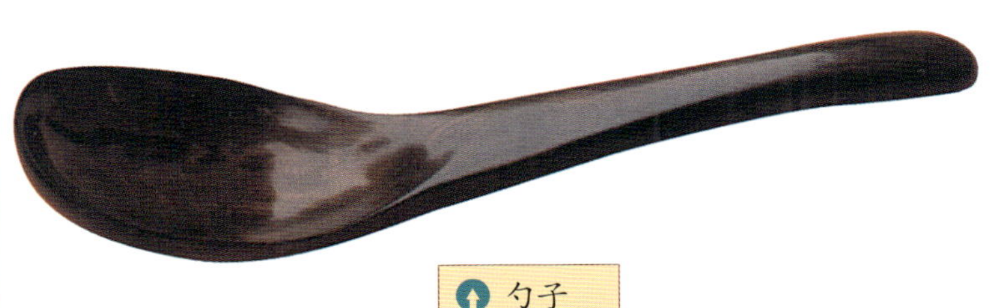

勺子

象棋

2. 泡药

取海南黄花梨碎块儿用热水冲洗一遍可以泡水，黄花梨油呈黄绿色，可以反复使用很多次。

（1）降血压：取海南黄花梨木屑用棉纱布包好煮（泡）开水，过滤掉杂质，每天 1 ~ 2 次，每次一小碗。味苦，少取。

（2）皮肤瘙痒：取木屑煮水擦拭，小孩儿可泡在煮好的温水中，效果更佳。对皮肤过敏患者更是有药到病除的功效。

（3）治呕吐、心胃气痛、胸胁气滞、血淤疼痛、冠心病、心绞痛。

（4）治吐血、咯血、跌打损伤，高血压，煎服 3 ~ 9 克（摘自《中医大辞典》《中药分册》）。

（5）风湿腰腿病、跌打瘀痛、心胃气痛、跌打损伤、消化不良、感冒咳嗽（摘自《常用中草药手册》）。

黄花梨降香的现代应用

（1）有降低血浆黏度、降低血脂作用。

（2）可显著促进微循环障碍血流的恢复，以及微动脉收缩后的恢复及局部微循环的恢复，降低血压。

（3）具有抑制血栓形成、防心脑血管疾病的作用。

（4）具有镇静、镇痛作用。

手腕上的养生经

由于海南黄花梨的活血化瘀，止血定痛作用，常用于治疗冠心病或者跌打损伤后的疼痛这类疾病。所以用海南黄花梨做成木质手串来佩戴，也具有很强的养生功效，对冠心病病人也有辅助治疗的作用。当然了，如果身体没有什么问题的话，经常佩戴黄花梨的手串或者饰品也是有好处的。

手串

第四章 海南黄花梨的鉴别经验

- 第一节 海南黄花梨的鉴别要点
- 第二节 海南黄花梨与越南黄花梨的鉴别
- 第三节 海南黄花梨与其他相似木材的鉴别

清　黄花梨雕花鸟人物多宝格　136 厘米 ×52.5 厘米 ×204.5 厘米

第一节　海南黄花梨的鉴别要点

海南黄花梨的质地细腻，呈黄褐色的色调，纹理若隐若现，有结疤的地方呈现出铜钱大小的圆晕形花纹，自然美观，香气持久。鉴别海南黄花梨主要从以下几方面入手。

 纹理

海南黄花梨质地坚硬，木纹或隐或现，生动多变，有麦穗形状、蟹爪纹，要仔细观察纹理是否清晰、自然、流畅。常见的有一二个小树疙瘩组成的“鬼脸”；有分叉部位组成的“山水线”；有健康老树大木“流水纹”；也有树身多新芽外冒密麻而组成的“虎皮纹”，不管它是什么纹路，一定是粗中有细，清晰度高。

 手感

黄花梨木质坚硬，手感温润，不会有粗涩、茬的感觉。

黄花梨枕头

颜色

海南黄花梨的心材和边材颜色差异较大，心材呈现浅黄色、金黄色、红褐色、深褐色等深浅不一的颜色，常带有黑褐色条纹；边材则呈灰褐色或浅黄褐色。用刀削一些木屑观察颜色，削掉的碎末放在水中，水面会有一层油，像机油一样，闪闪发着幽蓝的光。

短嘴茶壶

气味

新切面有刺鼻的辛辣味，放置一段时间，有清淡的香味。另有一种生动的特点，像是有自动气门一样，通过手玩、抚摸后出现香味，过后会自动上锁封味，太老的木材料要刮后才能闻到味道。

鬼脸纹

鬼脸纹是鉴别黄花梨的特征之一。海南黄花梨木的结疤处呈现无规则的美丽花纹，称“鬼脸”，也有人称之为狸斑。这是由黄花梨的生态特征所决定的。

清　黄花梨雕花草博古纹多宝格　94厘米 ×37厘米 ×196厘米

黄花梨雕刻

黄花梨木条

误区一

海南黄花梨的鬼脸纹是其重要的木材特征，但并不能仅仅根据鬼脸纹来判断是否为海南黄花梨。在纵切面上，海南黄花梨的鬼脸纹并不明显。此外，越南花梨也有鬼脸纹，但纹理松散，略显呆滞，杂色较多。还有一种草花梨木，也有鬼脸纹，但木质粗疏，棕眼较大，纹理粗糙，木色由浅黄至黄色，干涩无光泽，与黄花梨相比，品质差距极大，容易区分。

需要注意的是，并非所有的海南黄花梨都有漂亮的花纹，有些老料、大料的边脚料做出来的物品，要么花纹细浅，要么粗淡，然而价值却很高。

民族织布工具和老鼠夹

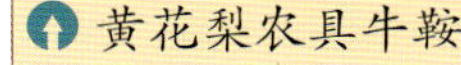

黄花梨农具牛鞍

铲

笔筒

误区二

海南黄花梨有“降香味”，其实越南黄花梨也有“降香味”，但它的香味刺鼻，带辛辣味道，海南黄花梨香气清芳醉人，需要仔细区分。

但是并不能单纯地从字面上来理解，海南黄花梨的香味并非香味持久，新切面暴露在空气中，香味会慢慢淡去。所以，闻不到香味并不代表不是真正的海南黄花梨。

茶盘

误区三

是否可以沉水，不能作为判断海南黄花梨的依据。

海南黄花梨气干密度为0.82～0.94克/立方厘米，仅有少数重的料或成品入水即沉，多数都会有点浮出水面。分布在不同区域的海南黄花梨，其材质密度也不尽相同。比如生长在海南东部的黄花梨，因生长较快而材质相对稀疏，而西部山区的海南黄花梨，材质细密，大部分可以沉水。所以海南黄花梨是否可以沉水，并不能作为判断的依据。

竹节水杯

第二节　海南黄花梨与越南黄花梨的鉴别

海南黄花梨的用处广泛，又极难成材的特点，使目前市场上的海南黄花梨已经日益稀少。常见的所谓“黄花梨”，绝大多数为产自越南、缅甸的越南黄花梨。色深的越南黄花梨与古家具中的黄花梨较为接近，很容易混淆，也有的人以越南黄花梨冒充海南黄花梨。在这里，我们特意将越南黄花梨的特性做一个介绍，以方便读者区分。

越南黄花梨

越南黄花梨，生长在越南与老挝边界的长山山脉东西两侧海拔 400 ～ 800 米的陡峭崖壁上，9 ～ 10 月份开花，有红色、黄色两种。花色不同的树，木材的颜色有所区别。一般开红花的树，木材为红褐色；开黄花的树，木材为浅黄色。

木材特征

心材：与边材颜色区别明显，颜色呈浅黄色、红褐色、深褐色等，多为浅黄色，较少数为深褐色，杂带有紫药水色。

气味：新切面有浓重的酸香味。

纹理：纹理粗浅不一，颜色与木材自身的颜色较为接近，大多不甚清晰。

手感：油性较差，触之干涩滞手。

气干密度：0.70 ～ 0.95 克 / 立方厘米。

鬼脸纹：越南黄花梨鬼脸纹松散，杂色多，不生动。

海南黄花梨与越南黄花梨的鉴别

二者的木材特征较为接近，所以二者的区别要在对木材局部进行刨光之后才可鉴别，具有一定的难度，需要多接触实物，多摸，多看，仔细辨别，积累丰富的经验。主要从下面几个方面来介绍两　者的区别。

花瓶

纹理

相对而言，海南黄花梨的纹理清晰可辨，且粗细一致，生动活泼；越南黄花梨纹理则粗一些，且纹理多数混浊不清，宽窄不一，断断续续，有时会有类似水浸过后的痕迹，有的纹理会发生急剧的变化，互相之间毫无联系。

气味

海南黄花梨木本身是中药，吸入后有一种沁人心脾的感觉，而越南黄花梨给人的感觉是略带辛辣的，稍稍有一些刺鼻的味道。

鬼脸

海南黄花梨纹理好，鬼脸多，越南黄花梨相对差一些。相比越南黄花梨来说，海南黄花梨的特点是纹理群的中心是“实”的，基本为一个实心儿的黑点儿，也就是我们常说的“鬼眼”。而越南黄花梨的纹理群中心则是空的，纹理相对海南黄花梨较有规律，一圈一圈的但都不到中心点。海南黄花梨的枝节较多，生长环境恶劣，生长缓慢，导致树木纹理多为扭曲、交错无规律，较容易形成“鬼眼”，而越南黄花梨生长期短，纹理大都自然有规律，很难形成“鬼眼”。

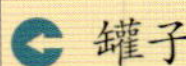

罐子

颜色

海南黄花梨颜色深些，越南黄花梨颜色较浅一些。

茶壶

灯挂椅

清　花梨躺椅　高89厘米，长140厘米

心材

海南黄花梨的树材普遍比较小，而越南黄花梨的树材则较为粗大。目前市场上的海南黄花梨，最大的直径只有30多厘米。而越南黄花梨，一般心材的直径在20～40厘米。

手感

海南黄花梨的表面细腻、光滑、手感温润，而越南黄花梨相比之下则比较粗糙。经相关资料表明，海南黄花梨的含油（降香油）量远远高于越南黄花梨，将锯开的黄花梨做比较，一般十天后，海南黄花梨的料口会有一层灰黑色的油状物，而越南黄花梨则不会有。

卧佛

划痕

海南黄花梨的硬度比越南黄花梨要高很多，宜于雕琢。用指甲在海南黄花梨平面上用力划，一般不会产生压痕，而越南黄花梨则会产生压痕，除非是根料。

保健水杯

第三节　海南黄花梨与其他相似木材的鉴别

花梨木类与黑红酸枝类的区别

颜色深的黄花梨，若是使用的年头久了，保存状态又不好，乍一看与红木非常像。其实从本质上判定，黄花梨木的木性小，故变形率也小，体轻而温和。在杨家驹先生的《红木家具及实木地板》一书中，就详细介绍了花梨木类与黑红酸枝类木材的辨别。

箱子

首先是重量有区别，紫檀属的花梨木类木材都较轻软，多浮于水，7 种花梨木（越柬紫檀、安达曼紫檀、刺猬紫檀、印度紫檀、大果紫檀、囊状紫檀、乌足紫檀）的气干密度为 0.53 ~ 1.01 克 / 立方厘米（平均为 0.79 ~ 0.91 克 / 立方厘米）；红酸枝木多沉于水，7 种红酸枝木（巴西黄檀、赛州黄檀、交趾黄檀、绒毛黄檀、中美洲黄檀、奥氏黄檀、微凹黄檀）的气干密度为 0.90 ~ 1.22 克 / 立方厘米（平均为 1.02 ~ 1.14 克 / 立方厘米）。黑酸枝木也多沉于水，8 种黑酸枝木（刀状黑黄檀、黑黄檀、阔叶黄檀、卢氏黑黄檀、东非黑黄檀、巴西黑黄檀、亚马孙黄檀、伯里兹黄檀）的气干密度为 0.82 ~ 1.33 克 / 立方厘米（平均 0.92 ~ 1.06 克 / 立方厘米）。

酒瓶

其次是木屑水浸出液的荧光现象。木刨花水浸液，花梨木类多有荧光现象（乌足紫檀最为显著），而红酸枝木类和黑酸枝木类则无。

还有就是气味方面。花梨木类木材多有辛辣的芳香气味，而红黑酸枝类则多有浓郁的酸香气味。

再有就是花梨木类木材多系散孔材至半散孔材或环孔材倾向明显，而红黑酸枝类是散孔材，半环孔材几乎没有。

清 黄花梨透雕西番莲纹六角形桌 面径 104.5 厘米，高 89 厘米

清　黄花梨雕云龙圆角柜，135 厘米 ×60 厘米，通高 205 厘米

最后，花梨类材色红褐至紫红，比较均匀，射线组织同形，无异形射线组织倾向，通常单列。红黑酸枝木类材色红褐至紫红或黑，比较均匀，常夹杂有深色条纹，射线组织通常同形，异形倾向明显，通常2列，单列射线较少。

与草花梨的区分

草花梨的出现是由于黄花梨木材断绝，作为补充而在晚清至民国出现于市场的，在硬木中档次较低，木质粗疏，棕眼大，颜色土黄无光泽。

与新花梨木的区分

新海南黄花梨多为人工种植，养分充足，但生长周期也很长，木材分量也不比老材黄花梨轻，只是木纹含黑线过多而且生硬，因此许多木纹过于漂亮抢眼的反倒是新黄花梨木。

笔筒

第五章 海南黄花梨为什么这么火

● 第一节　海南黄花梨的珍稀性和保值性
● 第二节　海南黄花梨的市场价值

清　黄花梨椅　椅：57.5 厘米 ×48 厘米 ×98 厘米；几：36 厘米 ×48 厘米 ×76 厘米

带地网八仙桌

全黄，规格 90 厘米 ×90 厘米，目前市场价人民币 100 ~ 150 万元左右。

镜台

官皮箱

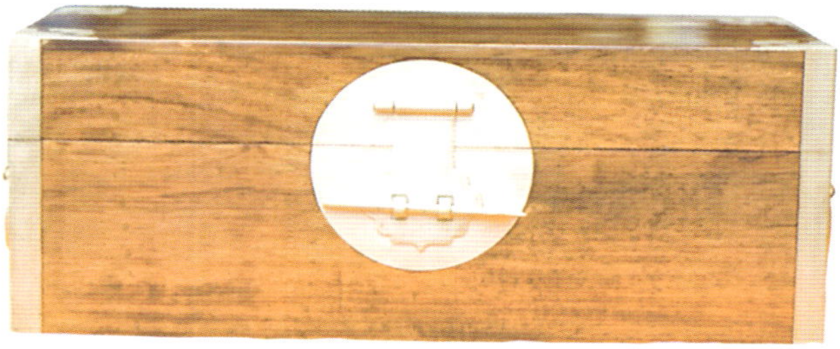

小箱子

官皮箱

第一节　海南黄花梨的珍稀性和保值性

2004年秋季艺术品拍卖会上，北京翰海拍卖有限公司的“清初黄花梨雕云龙纹四件柜”拍出了1100万元人民币的天价，创下当时国内古典家具拍卖的最高价成交纪录。

2010年上海世博会中国海南馆里的镇馆之宝，是贵宾厅里的明式黄花梨家具。这套仿古家具沉稳大气、极具美感，每一件都超过50万元人民币。

2010年6月，两件黄花梨珍品在海南省博物馆展出，一个是清代探花张岳松亲笔题字的匾额；一个是独板制作的明式官椅。有人曾经出价450万元想买下这两件珍品，却被藏家坚决拒绝。

因为海南花梨生长周期过长，又极难成材，其材质密实含油量大、韧性高，只有海南花梨刨出的木花才丝丝若卷，是做家具的顶级木料。因其难得，所以明清以来一直是皇家用材的首选，王公贵族纷纷效尤不止，使得本来就稀缺的海南黄花梨数百年来几乎被采伐殆尽。现在的市场上几乎看不见什么用大

圈椅

材制作的家具就是这个原因，如果有，也是用拆破的老家具拼凑出来的少量现代家具，这已经极为难能可贵了，所以动辄价格上百万乃至千万。由于海南黄花梨树稀少，在20世纪前半叶国家禁止采伐，只有小根的木材可以作为药材经营，这样就显得十分珍稀。

自20世纪80年代初，人们的收藏意识、文化意识逐渐觉醒，海南黄花梨的价格一路飙升，似乎已经认识到了这不可再生资源的珍稀性和保值性。一件取材老料的作品，其生长数百年乃至上千年，又历经战乱、贫困、贼匪、火燎水浸数十或几百年完整保留至今，其价值应该更像是文物了。而幸运的是，或许我们还有最后的机会把玩一下这样的国宝。

黄花梨是中国的、海南的、东方的，其生长环境艰难，生长周期漫长，却花纹旖旎妖娆，材质坚韧不屈，不破不裂，不虫不腐，于成材艰辛中愈见其中华民族的性格，以材喻人，物我对照，难怪深得人们的喜爱了。

近10年来，随着中国仿古家具的兴起，古典家具作为家居陈设已经成为一种风尚，大量的仿古家具商也如雨后春笋般增长，人们纷纷去海南买旧料和小料，于是显得原料更加紧张并不断增值。

清　黄花梨屏风（六屏），216厘米×50.5厘米（单屏）

清　黄花梨雕花鸟纹书柜 95 厘米 ×44.5 厘米 ×185 厘米

清 黄花梨雕花鸟纹书柜 95 厘米 ×44.5 厘米 ×185 厘米

现在很多家具商到海南采购，连旧的门窗料、农具料都几乎被收购一空了，在这些家具厂商的仓库里面，只能看到像山药一般的弯曲小料，真正能够达到胳臂粗的就算是大料了，由此足可以一窥海南黄花梨的珍贵。现在的海南黄花梨，原产地已经枯竭，旧料也没有了，只剩下厂家仓库里的小料，所以现在市场上有家具商提出用黄金换木材是真实的。

海南黄花梨已经枯竭，但还有一部分黄花梨生长在越南，可是关于越南黄花梨并没有文字的记载。越南黄花梨，一部分外观是极其接近海南黄花梨的，还有一部分色泽较浅黄，如果使用得当，也可以做出优美的家具。在古代，商人是极有条件通过陆路到越南去采购木材的，因为这样采购相较于水路去海南更加便利，而且植物的生长是不受行政区域划分的，所以完全可以推断中国古代黄花梨的木材有很大可能是出自越南。中国古典家具的名贵优秀深受世人喜爱，不仅仅因为它在某种程度上是家具的载体，而是它承载着中国几千年的木工文化。但无论是哪种木材，只要使用得当，都可以发扬中国古代家具的文化传承。

活动椅

短沙发

第二节 海南黄花梨的市场价值

1 千克的木头就可以兑换 40 克的黄金？听起来这是一件很不靠谱的事情，但这的确就发生在我们身边。2007 年，北京某红木家具公司推出一项“黄金换木头”的活动，主办方称不管是擀面杖还是瘸腿凳子，只要是海南黄花梨做的，1 千克黄花梨木就可以兑换 40 克黄金。虽然最终一克黄金也没能兑换出去，但这却让当年海南黄花梨一下子名声大噪，更多的人将目光锁定了海南黄花梨。

时隔 3 年，作为内地拍卖公司的领军者之一，中国嘉德“明式黄花梨家具精品展”如期而至，60 余件明清时期的海南黄花梨木家具集体亮相，这其中包括从国外漂洋过海而来的众多名贵古典家具精品，海南黄花梨再次成为收藏界的焦点。

10 年间，国际黄金平均价格从 200 美元 / 盎司左右暴涨到当前的 1300 美元 / 盎司左右，疯狂飙升了 5 倍多。而比黄金更加疯狂的却是有“木黄金”之称的海南黄花梨。

这些年海南黄花梨价格暴涨，收购价从 1979 年前后的每 500 克 4.5 元，到 1992 年前后涨到每 500 克 6 元，2002 年均价涨到每 500 克 10 元，现在攀升到每 500 克 4000 ~ 5000 元的高价。

清　黄花梨立柜，118 厘米 ×55 厘米 ×240 厘米

清　黄花梨雕雍正耕织图立柜，118 厘米 ×55 厘米 ×240 厘米

最近的八年，海南黄花梨价格翻了 400 多倍。

根据 2010 年上半年国内部分著名木材均价表，与其他几种名贵木材相比，海南黄花梨的价格无疑让人咋舌。

最近几年海南黄花梨木价格的上涨，直接影响的是以其为原木的一些成品。

以海南黄花梨木做成的三件套皇宫椅为例，2000 年左右时，市场价大概为 45000 ~ 60000 元，而现在市场价格达到 130 万 ~ 180 万元，翻了近 30 倍。与原木上涨 400 倍相比，虽然 30 倍的上涨幅度并不高，但这已经超过了很多人所能接受的范围。

实际上，早在明清时期就有书籍记载，一张黄花梨床在明代值白银 12 两，而当时的一个丫环身价还不到 1 两白银。也就是说，一张黄花梨床抵得十余个仆人的身价，可见其贵重之一斑。时隔百余年后，黄花梨再次走入了大家的视线，备受藏家喜爱，或许这又是历史的一个轮回。而对于未来的一段时间里，一般情况下，海南黄花梨价格不会下降，只会继续上升。

嫦娥奔月
作品采用海南西部黄花梨为材料，加以闽南工艺雕刻而成。面部表情生动，栩栩如生。高 35 厘米，宽 34 厘米。参考价格人民币 2 万 ~ 4 万左右。

春凳

兰花

兰花

地域的限制仅是黄花梨稀缺的原因之一。一棵黄花梨树需要至少300 ~ 500年的生长期才能有加工成家具的可能，但并非整棵黄花梨树都可以用作家具原材料，黄花梨树外面的边材部分为淡黄色无气味的软质部分，最受白蚁们的欢迎，白蚁会在3年左右的时间将边材咬蚀，当遇到有辛辣芳香而又坚硬的心材部分时就自然地停止咬蚀，剩下的心材部分就这样被保留了下来，这就意味着整棵树只有三分之一的部分可用于家具制作。漫长的生长周期和可利用部分少无疑更增添了黄花梨资源的稀缺性。事实上，除了资源的稀缺外，海南黄花梨纹理炫美瑰丽、材质油韧细密、触摸起来温润如玉，而且具有降血压和治疗心血管疾病的药用价值，让它成为“木黄金”和“木材大熊猫”。黄花梨家具肌理花纹如行云流水，不用上漆，只需稍稍打蜡就很美；而且样式简洁、线条明快、返璞归真，能给人充分的想象空间。黄花梨家具的美含蓄不张扬，符合人们的审美，也是中国文人追求的境界。也正是如此，海南黄花梨成为红木家具尤其是明清古典家具最受推崇的首选木料。

黄花梨古典家具因其存世稀少、做工考究、实用美观等独具优势，成为藏家们瞩目的焦点，其价格更是一路暴涨，贵比黄金。

黄花梨工艺品

茶壶

大肚佛

黄花梨毛笔挂

随着红木家具市场需求逐年增加，原材料日益枯竭，加上受经济危机影响，红木在2007年前后经历了短暂低迷行情之后，价格只升不跌，保守估计，红木家具的市场价格，未来年平均增幅在25%左右。

在目前各类红木家具中，市场价值最高的是海南黄花梨，直径20厘米、长度1～1.5米左右的海南黄花梨材料，市场价格约为3000～3500元人民币／500克。

2010年三月海南黄花梨木最新报价表

根据市场调查2010年3月的海南黄花梨（降香黄檀）的市场行情为（单位：元／500克）。

类型	南方市场价格	北方市场价格
普通料	1800～2200	1900～2400
中等料	2500～3200	2600～3500
精选料	4000～7000	4100～8000
根料	340～700	300～670
边角料	100左右	120左右

虽然海南黄花梨的价格现在已涨到6000～10000元/千克，在北京、上海等城市价格更高，可与黄金相媲美，但是在市面上仍然是一木难求，价值数百万一吨的正宗海南黄花梨木料，如今在市场上已经是难觅踪影了。

黄花梨一生如意

黄花梨木

黄花梨水烟筒

黄花梨砚台

十八罗汉雕像

小二出头椅

黄花梨猎枪

第六章

海南黄花梨的鉴赏及估价

● 第一节　海南黄花梨家具的鉴赏
● 第二节　海南黄花梨的价格

明　黄花梨双月洞式门罩架子床，212 厘米 ×176 厘米，通高 233 厘米

第一节　海南黄花梨家具的鉴赏

作为制作家具最为优良的木材，黄花梨有着非凡的特性。这种特性表现为不易开裂、不易变形、易于加工、易于雕刻、纹理清晰而有香味等，再加上工匠们精湛的技艺，黄花梨家具也就成为古典家具中美的典范了。

硕果累累

明代是中国家具艺术出现飞跃式发展的历史时期，家具的形式与功能日趋完美统一，明代黄花梨家具讲究线条，注重材质，简约大方，将中国家具艺术带入巅峰。而清康熙、雍正、乾隆三朝，较之明代，更加注重装饰的作用，又将清式家具推上另一个高点，与明式家具共同构成了中国古典家具的整体风貌。今天人们所谓的中国古典家具，实际上指的就是中国明清家具。元代之前的家具大多取材于杂木，易损难存，传世甚少。在工艺、造型、用材上皆达到让今人都难以企及的水准并可传之万代的，应以明代的黄花梨家具为始。

双龙戏珠

天然去雕饰的自然美

王世襄先生在他的《明式家具珍赏》里，把明式家具艺术总结为“十六品”，即：简练、淳朴、厚拙、凝重、雄伟、圆浑、沉穆、浓华、文绮、妍秀、劲挺、柔婉、空灵、玲珑、典雅、清新。

黄花梨木在明代已经广泛应用于较为考究的家具制作，黄花梨木质坚硬致密，纹理自然清晰且富于变化，木色从浅黄色到紫赤色，色泽清晰，淡雅，木材久置会散发出淡淡的香气。

明代黄花梨家具给人雅致、简洁的感觉，在制作商，工匠一般采用光素首发，即不加雕饰，或略作修饰，利用和发挥木材本身的特点，突出黄花梨木纹理、色泽的自然美。黄花梨家具的表面一般不刮腻子、不上漆，做成的家具或小型器件上，经过细致的打磨上蜡，发出清理、圆润的光泽，追求“干磨硬亮”的天然效果，给人自然而华贵的美感。

圈椅

在明式黄花梨家具的制作上，并非全部不加修饰，也运用雕、镂、嵌、描等多种多样的装饰首发，以及珐琅、螺甸、竹、牙、玉石等装饰用材。但是，在使用上不贪多、不堆砌、不刻意雕琢，而是根据整体要求，作恰如其分的局部装饰。

含蓄内敛的君子风范

黄花梨木具有温润如玉的质感、行云流水般的纹理、温和内敛的色泽、淡雅的香气，不重外在的雕琢与装饰，而讲究内涵的自然表露，在展示华贵、高雅的同时，又传递了温文尔雅的品行。

明末清初是黄花梨制作的鼎盛时期，存世量大，品种也多。如以苏式黄花梨为代表的苏式家具，当时居住在苏州的文人纷纷参与造园艺术和家具的设计制作，与民间的能工巧匠一起，钻研，总结黄花梨的木质、纹理、色泽等特性，将审美与工艺相结合，形成了明代家具“雅致”的品行。

茶壶

小知识：

明清家具，其中以苏州、广州、北京制作的家具最为著名，“苏作”、“广作”和“京作”被称为明清家具三大流派。而苏式家具是明式细木、红木家具的发源地。做工精巧而颇具文人气质，线型流畅，精于用材，大件家具多采用攒斗、包镶工艺，小件更是精心琢磨。清代中期起，形成苏式家具风格，其中部分家具转向富丽豪华的风格。

而作为另一黄花梨家具的产地，南方两广及海南岛等地，其做工略粗，不及苏式家具精细。

明　黄花梨长方桌　176 厘米 ×90 厘米 ×83 厘米

明　黄花梨四出头官帽椅　60 厘米 ×46 厘米 ×118 厘米

比例合适、严谨简练的造型

严格的比例关系是家具造型的基础。明式家具的造型以及各部比例尺寸基本与人体各部位的结构特征相适应，造型比例合理、协调。符合人体工程学要求，使用起来十分舒适。其各个部件的线条，均呈挺拔秀丽之势。刚柔相济，线条挺而不僵，柔而不弱，简练、质朴、典雅、大方。

总体结构上采用具有科学性、装饰性、工艺性的榫卯结构进行连接，框架结构十分严谨，分析起来都有一定的意义，没有多余的部件，整体轮廓简练，舒展，给人质朴、文雅之感。

结构部件，综合运用束腰、托泥、马蹄、牙板、矮老、罗锅枨、霸王枨、三弯腿等结构部件，形成了黄花梨家具的造型特色。

造型方面，追求线脚与块面相结合，线脚造型的装饰首发早在宋代就已经出现，但真正将其发挥到极致的是明代家具制作工艺。形成了明代家具的简洁、洗练的装饰风格，外观清新纯朴、稳重大方。

黄花梨官枕

超凡脱俗的木性

黄花梨的木性非常稳定，内应力小，俗称“性小”，即遇湿遇干，遇冷遇热，抽胀不大，变形率低。在制作当中，如家具结构部件中的三弯腿，细而弯，十分精巧纤细，这是除了紫檀家具外的硬木家具中不多见的。

八仙过海
材料采用海南西部油梨，闽南工艺立体雕刻，人物活泼生动，栩栩如生。平均直径12厘米，高20厘米。目前价值人民币8～10万元。

十二生肖
材料采用海南西部油梨，闽南工艺立体独立雕刻。表情丰富，活灵活现。平均高14厘米，宽13厘米。市场价值人民币7～9万元左右。

黄花梨果盘

此外，黄花梨具有很强的木性，能承受细致入微的雕刻，工匠在进行木材加工时，在刨刃很薄的情况下，黄花梨木可以出现类似弹簧一样长长的刨花。

黄花梨木制成的家具在没有外力破坏的情况下，很少出现干裂现象，这也是在明式案、几中，常用整块素面木材的原因。

第二节　海南黄花梨的价格

海南黄花梨的价格在20世纪70年代为0.1～0.2元/千克，一直升价至2007年10厘米粗的圆木为3500元/千克左右，40厘米的木板材为18000元/千克，到现在有40厘米木板材已经是市场价在35000元/千克左右，10厘米直径圆木也要5000元/千克左右，雕刻用的树头卖到4000元/千克，一张好的有年代的书画桌、供桌市场价300万元人民币，一堂（八椅四几）太师椅（清代）市场价400万元人民币，真是价格一日千里，如日中天，被誉为世界最贵的树木，中国的国宝。

茶道

黄花梨树苗

3 年龄花梨树

图中为人工种植的 3 ～ 5 年的黄花梨树木，直径大约在 3 ～ 6 厘米。

30 年龄花梨树
生成于海南东方市境内的 30 年左右的黄花梨。目前在海南岛现存的黄花梨活体树大约为 1000 棵左右。

50 年龄花梨树

受到自然灾害或人为破坏的黄花梨树干，在这种情况下创口已经坏死，腐烂，导致这段木料空心。

第七章 海南黄花梨的工艺传奇

三仙图

材料采用油梨树头，闽南工艺。作者巧夺天工利用一个树头雕刻出一副仙境。高63厘米，宽72厘米。价值5～8万元人民币左右。

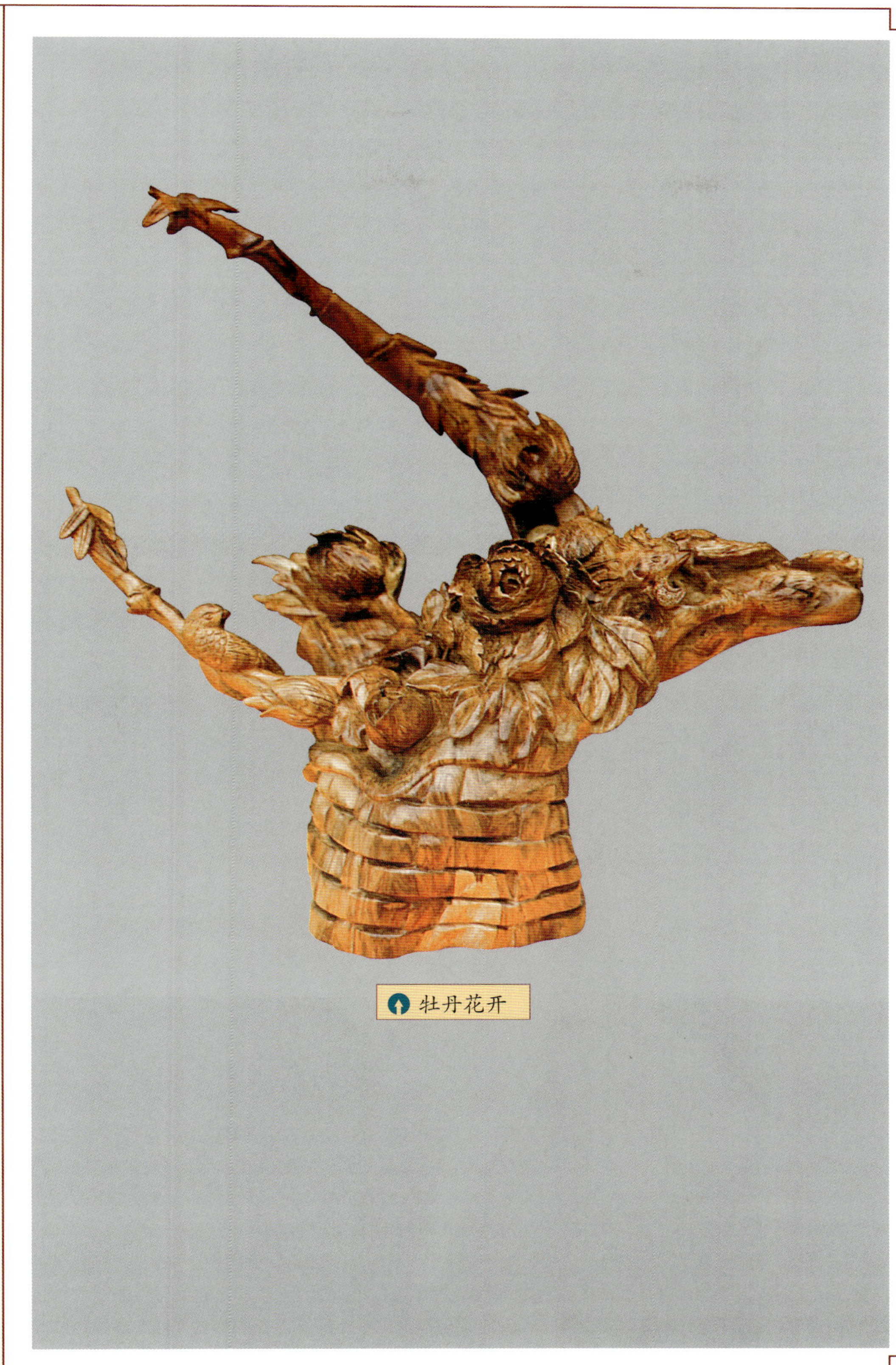

牡丹花开

雕刻型根艺与自然型根艺已形成一门中华民族文化艺术的根艺美术，是人类利用自然材料还原自然和提高自然美的创作艺术手段，是人类与自然界“天人合一”的和谐艺术。尤其是利用东方花梨枯朽腐烂树头、树根为原料的根艺美术创作作品更是锦上添花，其以质、色、香、美、巧、绝而闻名于世。东方花梨是世界上最珍贵的树木，是上帝唯一赏赐给中华民族的宝贵树木资源，是世界一绝，是中华民族的骄傲和自豪。

已去皮的黄花梨树头

黄花梨雕刻白菜

东方花梨终年生长在热带原始森林中，长年四季如春，阳光水分充足，环境优美，土壤肥沃，水源丰富。此外，地理位置、地球的经度、纬度定位，对花梨树种植的效果是至关的重要，花梨树离开海南或东方的地理位置种植，其树必变异越大，甚至无香味。例如越南花梨，香中含酸，色调阴沉零乱，纹理欠佳，色泽平淡乏味，木质粗而松弛。

东方花梨含油量高，极纯，油香四溢。闻之，香中留香、清神醒脑，安神静心，有舒心畅气之感觉；观之，色调分明清泽，按色调分类有黄花梨、红花梨、紫花梨、油花梨，色泽光亮，鲜明而朴实。纹理细腻，美观清晰，丰富变化奇妙。触摸之，光滑溜手，掂而沉重，质感密度强而坚韧。

所以，东方花梨适合度大，用于家具、文房用具、药用用具、实用品、艺术精品、赠送礼品、仿古家具、修复古董、雕刻艺术等都是最佳的用材。古老的东方花梨树头树根历经数十年、数百年乃至上千年的历史洗礼，风雨锤炼，神工鬼斧，形成皱、透、瘦、漏奇根异木。有曲真、聚散，有节奏韵律的奇特美感。加之纹理色泽让人们感到美的愉悦，无需上色，无需雕刻，只通过自然加工打磨，不留人工造作之气，就可以成为一件令人陶醉的自然型根艺佳作。作品原料来自自然，又还原自然，使作品雅洁古朴，回归自然美。

荷塘

鲤鱼吐珠

充分利用东方花梨的天然素质，其质坚韧，纹理细腻美观，色泽光亮稳朴，色调丰富多彩，形态变化多样，想象无穷无尽。只有顺其自然、塑造自然、回归自然。进行“天人合一”，使自然美与人工的艺术美得到和谐统一，使雕刻与不雕之间有机融合，气脉贯通。运用根材外形、孔洞、线条、肌理结构巧妙构思进行雕刻，争取达到返璞归真，保留自然真迹，神韵活现的雕刻型根艺艺术效果。

但其工艺相对复杂，首先根据根部的形状进行开脸，之后是修身，最后就是打磨。其中，打磨更是十分讲究，首先要用600号的砂纸，之后是从800、1000、1200……直到2000号以上的砂纸逐步打磨。据说，现在海南的艺工最少的一天可以挣300元（当然也是8小时工作制，大部分还不到），最多的可以到1000元一天的薪酬。

明　黄花梨翘头大条案　258 厘米 ×53 厘米 ×90.5 厘米

工匠在雕刻

花梨根艺的创作有意象、抽象、具象、具象又抽象，其作品只要通过艺术构思和取舍，还原和体现花梨自然根材的本来美，都是自然美的作品。

巧妙运用适当根材制作包含有实用价值的实物，又有观赏艺术价值的东方花梨根艺美术作品，其价值是可观的。东方花梨作为世界上特殊珍贵树木资源，是国家二级保护树木。充分利用枯朽腐烂根木，化腐烂为珍宝，其价值有着深远的意义，值得我们研究和探索。

烟斗

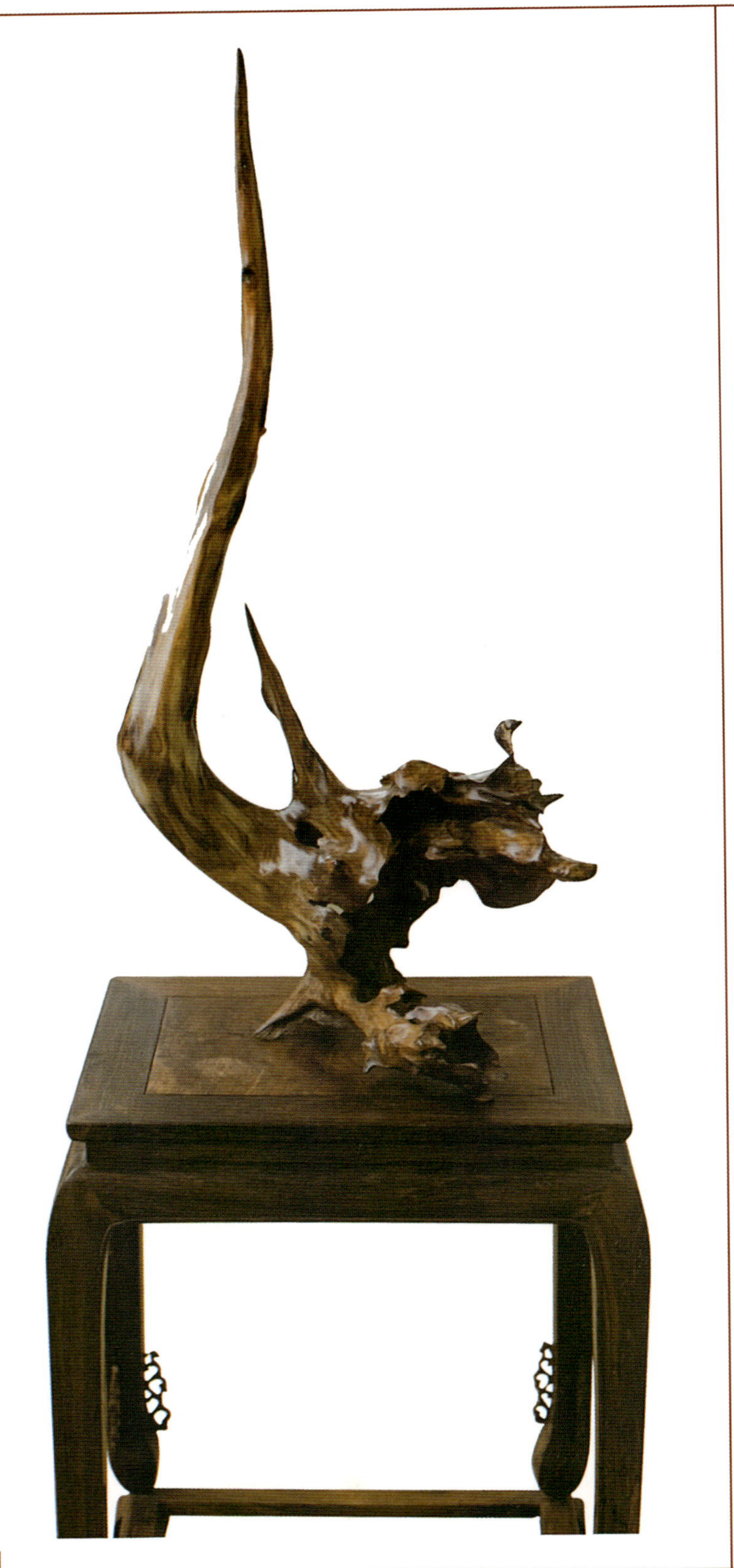

黄花梨根雕

西游记

作者巧妙地利用一个黄花梨树头雕刻出一幅唐僧师徒西天取经的景象。画面生动，人物栩栩如生。规格高 75 厘米，宽 45 厘米。目前价值人民币 5 万 ~ 8 万元左右。

花梨木苗

生长于海南东方市境内的一棵树龄 60 年左右的黄花梨。（全景图）从图中我们可以清楚看到黄花梨树木多为弯曲状生长，很难见到挺拔笔直的黄花梨。可用做大材的材料少之又少，黄花梨价格一路飙升和这有很大关系（目前海南岛现存 50 年树龄以上的黄花梨活体树不足 50 棵）。

● 第一节 海南黄花梨家具的养护
● 第二节 海南黄花梨把玩件的养护

第一节　海南黄花梨家具的养护

海南黄花梨算得上是木中黄金，而其价值甚至远高于黄金。无论对于海南黄花梨的使用者还是玩家和收藏爱好者而言，海南黄花梨的保养就显得非常重要。只有通过对海南黄花梨的细心保养，才能使海南黄花梨制品更加经久耐用，或者对于玩家和收藏爱好者来说，更有欣赏价值和收藏价值。

古典家具中，海南黄花梨材质的家具是硬木中比较好养护的品种。由于海南黄花梨应力小，所以成型后的海南黄花梨古典家具抽涨比例小，不宜开裂，走形与变形的概率比酸枝类的硬木小，养护起来也就相对容易一些。海南黄花梨的保养，通常主要有以下几个方面需要注意。

锅铲

（1）防晒　避免海南黄花梨被阳光直射和暴晒，以免造成木材龟裂、变形和酥脆。

（2）防燥　防止过度干燥而干裂变形。

（3）防潮　避免过度潮湿而引起木材的膨胀。如果不小心洒到水，需要及时吹干。

（4）防火　海南黄花梨含油量较高，制成的各种物品都是易燃之物，需要严格防火。

（5）防虫　木质品经常会遇到虫蛀和鼠咬的情况，黄花梨制品一般非常贵重，这方面需要特别注意。

知足常乐

桃形茶壶

六件套茶具

交椅

老料新做，目前单张价格人民币 20 ~ 30 万元左右，成对价格可以卖人民币 100 万元左右。

自在观音

寿桃形茶壶

日常保养常识：

（1）切忌将海南黄花梨存放在潮湿的地方，要远离空调和暖气。当然，太阳底下更是不行，不观赏的时候，可以用布把海南黄花梨制品遮盖起来。有条件的还可以用玻璃罩起来。

（2）注意不要碰水，木材受潮以后容易膨胀，干了之后木材毛孔会变大甚至开裂。所以不慎碰水之后，需要马上用干布擦干。

（3）日常一般的清理只需用棉布去掉家具表面的灰尘即可。同时，黄花梨家具也不能过分干涩，可以两或三个月用棉布包裹核桃仁的方法少量轻轻擦拭且口可。同时定期擦一擦古典家具蜡，是非常可行的养护方法。

（4）此外也要注意，避免在海南黄花梨制品上堆放过重的物品，以免造成扭曲、变形。在搬运时轻搬轻放，避免划伤。

误区：

海南黄花梨的油性较大，会从家具由内向外分泌出油脂形成包浆。一些老的海南黄花梨家具颜色会逐渐转深。有人为了加快这种进程，采用多次涂抹核桃油的方法。虽然可以加速颜色的转变，然而与真正的包浆相比还是有很大区别的。而采用这种方式，反而使得海南黄花梨制品不容易形成真正的包浆，而且极易吸附尘土。

花瓶

短嘴茶壶

鸳鸯棒

吸水观音

第二节 海南黄花梨把玩件的养护

海南黄花梨大部分用做家具、日用品，到现代除了做家具，还用做雕刻、制作水杯、水壶、烟嘴、象棋等。对于大件家具的保养，在上一节已经做了介绍，这节主要就常见的笔筒和手珠的保养做一个简单的介绍。

手串

据《东洋见闻录》记载的黄花梨的养护方法：

（1）刚买来的手串先不要上手盘，要先用搓澡巾用力地搓表面。这个过程需要持续 2 ～ 3 天，每天 2 ～ 3 个小时即可。作用其实是清洁表面的蜡层和脏色以及进行再抛光。也可用柔软的棉布盘搓一个星期。

手串

（2）之后自然放置一个星期，让珠子干燥，同时表面均匀的和空气接触形成细密均匀的氧化保护层。

（3）开始手盘，需要注意的是要保证手干净且不潮。切忌用汗手直接盘。并且在盘的过程中，注意孔口的部位。一天可以盘 30 分钟左右。一个星期到两个星期后，你可以感觉有挂嗒挂嗒的黏阻感，其实这是已经形成了一层薄薄的包浆。

（4）放置一段时间，再进行自然干燥，也让包浆进行一定程度的硬化，一般是一个星期左右。

（5）重复手盘的过程，大概过 3 个月的时间，即可看到珠子的表面开始出现像玻璃的光泽。

需要注意的是：如果珠子不小心脏了，可以用微微湿润的棉布擦拭干就好，然后放置一段时间再盘。手串不慎沾水，应立即擦干再用白棉线手套盘玩几天，切不可暴晒或风干。另外，有汗手的珠友经常把手串盘得发黑却无光泽，主要是汗液的缘故。解决方法就是可以将手串戴在手腕上，在另一只手臂上滑转，也能使手串上光。

笔筒

因为笔筒更容易开裂，所以要用带壳的生核桃轧的专用保护油，不要用炒过的核桃仁轧油。带壳核桃轧出的油沉积物少，且含有一定水分，不燥，不伤笔筒。熟核桃仁轧的油燥气大，抹上晾干后，笔筒易开裂。上油时只需用食指轻沾一点，将油抹在另一掌心，两手搓匀后，双手持笔筒把玩，即可达到养护目的。油不可多，多了易潮。

切忌用各种刀具修刮笔筒上的附着物，以免损坏雕件的原貌和品相。也不要涂抹一些油漆或者化学色料。有条件的，藏品最好放置在玻璃罩内密封保存。

笔筒

清　黄花梨风景五福捧寿卷珠如意纹沙发椅十件套

沙发

海南款，三屏风雕花带顶睡床。

三屏风雕花带顶睡床。全黄，长 2.0 米，宽 1.8 米。目前市场价人民币 120 万～180 万元左右。

第九章 海南黄花梨看东方

当今流行一句话：“世界花梨看中国，中国花梨看海南，海南花梨看东方”。过去，曾有一些林业科学者探究预测，东方的原始花梨古树至少已有上万年的历史。

东方市境内的俄贤岭、马龙与江边乡一带的原始森林是原始花梨古树的主要产地。史书《光绪崖州志》、《民国感恩县志》，对东方的花梨有所记载。如《光绪崖州志》所述：“花梨，紫红色，与降真香相似，气最辛香，质坚致。”《民国感恩县志》记载：感恩近溪、俄查、江边一带森林蜿蜒一二百里，多产花梨、荔枝、青梅、红罗及其他格木等，均属佳料。

东方常年干旱、日照时间长，其独特的地理因素与气候条件，赋予了东方花梨别致的特质：木质坚韧、纹理细腻、色泽光亮、香味浓重。尽管东方花梨的原始森林群峰叠嶂、山谷深幽、人迹罕至，但近两百多年来，有根有魂的东方花梨还是不胫而走，驰名全国。

十八罗汉雕像

东方的花梨在唐、宋年间就被人们认可，但朝廷派人大量砍伐古花梨树，明、清两代最为盛行。东方花梨成了朝廷命官和名贤雅士审美炫耀的珍贵名木。上从高官雅士的太师椅、龙床，下至普通平民的门楣、八仙桌，东方的花梨成了人们情有独钟的首选材料。据民间传说，清光绪年间，慈禧太后卧榻的龙床就是用俄贤岭的原始黄花梨制作的。这一传说，虽无实据可查，但确有可信之处。因为黄花梨乃稀世珍宝，全国只有俄贤岭上的九座山峰的原始野生花梨古树中才会有少许的黄花梨，其他地方是无处可寻的。

3 年龄花梨树
图中为人工种植的 3 ～ 5 年的黄花梨树木，直径大约在 3 ～ 6 厘米

花篮

海南省东方市已经启动名为“花梨之乡”的建设，计划用5年的时间种植250万株海南黄花梨，种植面积达5万亩，遍布全市78个少数民族行政村，受惠的少数民族群众将达到10.5万人之多。

目前，海南黄花梨木已经贵比黄金。北京一家知名的红木企业曾摆出整盒金条，征集散旧海南黄花梨木家什，只要通过专家鉴定是真正的海南黄花梨木，哪怕是擀面杖、旧锅盖、瘸腿凳子都可以现场换成黄金。1千克黄花梨木能换40克黄金，价值约6800元。据业内人士称，东方市俄贤岭（又称九龙山）生长的海南黄花梨品质最佳。

寿桃

黄花梨雕件　高 110 厘米

枕头

清　黄花梨六角形凳

3年龄花梨树

图中为人工种植为3～5年的黄花梨树木，直径大约在3～6厘米。

20 世纪 70 年代，东方市俄贤岭曾经是黄花梨保护区，山上有着上万亩海南黄花梨等原始森林。后来，由于管理不善等多方面的原因，这个保护区遭到了严重的破坏，里面的海南黄花梨损失不少。现在东方市市委、市政府加大了造林步伐，正大力提高东方市的森林覆盖率。同时，东方市也提出打造“花梨之乡”的品牌。在加强俄贤岭海南黄花梨保护、严禁盗伐的同时，由东方市财政出资购买海南黄花梨种苗，经过育种后免费交给当地少数民族群众种植。东方市坚持“谁种谁得”的原则，指导群众见缝插针地将这些海南黄花梨种植在村道两边、庭院里、房前屋后、村学校里，产权归群众所有。

东方市计划在 2010 年至 2015 年，每年种植 50 万株海南黄花梨，将在当地 78 个少数民族群众聚居村庄打造一批“花梨文化村”、“花梨生态村”。已种下的 72 万株海南黄花梨苗当中，有 50 万株由市政府从财政拨款按照每株 1.5 元的价格购进，东方市林业局则负责育苗和免费提供给村民种植。

筷子

黄化梨工艺品烟斗与刀

黄花梨雕十八罗汉 长 96 厘米

十八罗汉雕像

预计到 2015 年，东方市将种植 5 万亩海南黄花梨。

黄花梨是明清硬木家具的主要用材，以心材呈黄褐色者为好。其纹理或隐或现，色泽不静不喧，木色金黄而温润，心材颜色较深呈红褐色或深褐色，有犀角的质感，如行云流水，非常美丽。黄花梨的木性极为稳定，不管寒暑都不变形、不开裂、不弯曲，有一定的韧性，适合做各种异形家具，如三弯腿。海南的黄花梨做成的家具质重油多，好处显而易见：一是天然顺滑，做成家具不用油漆；二是年代久者自然包浆，颜色越来越好看；三是不长虫、不腐烂，经久耐用。

茶道

东方市不仅启动了“花梨之乡”的建设，还成立了海南黄花梨收藏协会东方分会，将着力打造“感恩福地，花梨之乡”的品牌。海南黄花梨是国宝，是历史的沉淀，又是财富的象征。今后，东方市将着力做强花梨收藏业，打造独特的东方花梨市场。通过东方市边贸城的建设，引进越南等东南亚国家的红木，让东方市的红木市场成为中国乃至世界的品牌，把花梨做成东方的名牌，深入挖掘花梨文化，让这一具有地方特色的文化在国际旅游岛建设中开出奇葩。

花梨之乡的文化积淀，催发了花梨根雕文化的兴起。继前几年，中国根雕艺术家钟振中成立了东方花梨根艺公司之后，2010年九月初，海南一批花梨文化学者又云集东方市，以现代的理念，对东方市的花梨文化根基作深层的探究、反思与提升。

我们有理由相信，在东方市委、市政府的正确领导下，在建设文明、平安、富强的新东方的热潮中，一个能够给人以沧桑感、厚重感与现实感的古老花梨之乡，必将会焕发出蓬勃的生命力，以崭新的面貌为世人所瞩目。

茶壶

已经熟透的花梨木种子（豆荚）

很难得的比较笔直的黄花梨树干。